CALEB'S SMILE MATH JOURNAL

AF878446

THIS BOOK BELONGS TO

____

____

____

+ − × ÷

Topic: ______________________________ Date: ______________

Example(s)

Topic: ______________________ Date: ______________

Example(s)

I AM OLLIE!
CHILDREN'S BOOKS

Topic: ______________________ Date: ______________

Example(s)

Topic: ______________________ Date: ______________

Example(s)

I AM OLLIE! CHILDREN'S BOOKS

Topic: ______________________ Date: ______________

Example(s)

Topic: ______________________ Date: ____________

Example(s)

Topic: ______________________________ Date: ______________

Example(s)

I AM OLLIE!
CHILDREN'S BOOKS

Topic: ______________________ Date: ______________

Example(s)

Topic: ______________________________ Date: ______________

Example(s)

Topic: ______________________ Date: ______________

Example(s)

I AM OLLIE! CHILDREN'S BOOKS

Topic: ______________________ Date: ______________

Example(s)

Topic: ______________________ Date: ______________

Example(s)

Topic: ______________________________ Date: ______________

Example(s)

I AM OLLIE!
CHILDREN'S BOOKS

Topic: ______________________ Date: ______________

Example(s)

I AM OLLIE! CHILDREN'S BOOKS

Topic: ______________________ Date: ______________

Example(s)

Topic: ______________________________ Date: ______________

Example(s)

Topic: ______________________ Date: ______________

Example(s)

I AM OLLIE! CHILDREN'S BOOKS

Topic: ______________________ Date: ______________

Example(s)

I AM OLLIE!
CHILDREN'S BOOKS

Topic: ______________________ Date: ______________

Example(s)

Topic: ______________________ Date: ______________

Example(s)

Topic: ______________________ Date: ______________

Example(s)

I AM
OLLIE!
CHILDREN'S BOOKS

Topic: ______________________________ Date: ______________

Example(s)

I AM OLLIE! CHILDREN'S BOOKS

Topic: ______________________________ Date: ______________

Example(s)

Topic: ______________________ Date: ______________

Example(s)

Topic: ______________________ Date: ______________

Example(s)

Topic: ______________________ Date: ____________

Example(s)

Topic: ______________________________ Date: ______________

Example(s)

Topic: ______________________ Date: ______________

Example(s)

I AM
OLLIE!
CHILDREN'S BOOKS

Topic: ______________________ Date: ______________

Example(s)

Topic: ______________________ Date: ______________

Example(s)

Topic: ______________________________ Date: ______________

Example(s)

Topic: ______________________ Date: ______________

Example(s)

I AM OLLIE! CHILDREN'S BOOKS

Topic: ______________________ Date: ______________

Example(s)

Topic: ______________________ Date: ______________

Example(s)

I AM OLLIE! CHILDREN'S BOOKS

Topic: ______________________ Date: ______________

Example(s)

Topic: ______________________ Date: ______________

Example(s)

I AM
OLLIE!
CHILDREN'S BOOKS

Topic: ______________________________ Date: ______________

Example(s)

Topic: ______________________ Date: ______________

Example(s)

I AM OLLIE! CHILDREN'S BOOKS

Topic: ______________________________ Date: ______________

Example(s)

Topic: ______________________________ Date: ______________

Example(s)

I AM OLLIE!
CHILDREN'S BOOKS

Topic: ______________________ Date: ____________

Example(s)

I AM OLLIE!
CHILDREN'S BOOKS

Topic: ______________________________ Date: ________________

Example(s)

I AM OLLIE! CHILDREN'S BOOKS

Topic: ____________________ Date: ____________

Example(s)

I AM OLLIE! CHILDREN'S BOOKS

Topic: ______________________ Date: ______________

Example(s)

I AM OLLIE!
CHILDREN'S BOOKS

Topic: ______________________ Date: ______________

Example(s)

Topic: ______________________________ Date: ______________

Example(s)

I AM
OLLIE!
CHILDREN'S BOOKS

Topic: ______________________ Date: ____________

Example(s)

Topic: ______________________ Date: ______________

Example(s)

I AM OLLIE!
CHILDREN'S BOOKS

Topic: ______________________ Date: ______________

Example(s)

I AM OLLIE! CHILDREN'S BOOKS

Topic: ______________________ Date: ______________

Example(s)

Topic: ______________________ Date: ______________

Example(s)

I AM OLLIE! CHILDREN'S BOOKS

Topic: ______________________________ Date: ______________

Example(s)

I AM OLLIE!
CHILDREN'S BOOKS

Topic: ______________________ Date: ______________

Example(s)

Topic: ______________________________ Date: ______________

Example(s)

I AM OLLIE! CHILDREN'S BOOKS

Topic: ______________________________ Date: ______________

Example(s)

Topic: ______________________ Date: ______________

Example(s)

I AM OLLIE! CHILDREN'S BOOKS

Topic: ______________________________ Date: ______________

Example(s)

I AM OLLIE! CHILDREN'S BOOKS

Topic: ______________________ Date: ______________

Example(s)

Topic: ____________________ Date: ____________

Example(s)

Topic: ______________________ Date: ______________

Example(s)

I AM OLLIE!
CHILDREN'S BOOKS

Topic: ______________________ Date: ______________

Example(s)

Topic: ______________________________ Date: ______________

Example(s)

Topic: ____________________ Date: ____________

Example(s)

Topic: ______________________ Date: ______________

Example(s)

I AM OLLIE!
CHILDREN'S BOOKS

Topic: ______________________ Date: ______________

Example(s)

Topic: ______________________________ Date: ______________

Example(s)

Topic: ______________________________ Date: ______________

Example(s)

Topic: ______________________ Date: ______________

Example(s)

Topic: ______________________ Date: ______________

Example(s)

I AM OLLIE! CHILDREN'S BOOKS

Topic: ______________________________ Date: ______________

Example(s)

I AM OLLIE!
CHILDREN'S BOOKS

Topic: ______________________ Date: ____________

Example(s)

Topic: ______________________ Date: ______________

Example(s)

Topic: ______________________ Date: ______________

Example(s)

Topic: ______________________________ Date: ______________

Example(s)

I AM
OLLIE!
CHILDREN'S BOOKS

Topic: ____________________ Date: ____________

Example(s)

Topic: ______________________ Date: ______________

Example(s)

Topic: ______________________ Date: ______________

Example(s)

Topic: ______________________________ Date: ______________

Example(s)

Topic: ________________ Date: ________

Example(s)

Topic: ______________________________ Date: ______________

Example(s)

I AM
OLLIE!
CHILDREN'S BOOKS

Topic: ______________________ Date: ______________

Example(s)

I AM OLLIE! CHILDREN'S BOOKS

Topic: ______________________________ Date: ______________

Example(s)

Topic: ______________________ Date: ____________

Example(s)

Topic: ______________________________ Date: ______________

Example(s)

Topic: ______________________ Date: ______________

Example(s)

I AM
OLLIE!
CHILDREN'S BOOKS

Topic: ______________________ Date: ______________

Example(s)

I AM OLLIE! CHILDREN'S BOOKS

Topic: ______________________ Date: ______________

Example(s)

I AM OLLIE!
CHILDREN'S BOOKS

Topic: ______________________________ Date: ______________

Example(s)

I AM OLLIE!
CHILDREN'S BOOKS

Topic: ______________________ Date: ______________

Example(s)

Topic: ______________________ Date: ____________

Example(s)

Topic: ______________________ Date: ______________

Example(s)

Topic: ______________________ Date: ______________

Example(s)

Topic: ______________________ Date: ______________

Example(s)

Topic: ______________________________ Date: ______________

Example(s)

I AM OLLIE!
CHILDREN'S BOOKS

Topic: ______________________ Date: ______________

Example(s)

Topic: ______________________ Date: ______________

EVEN NUMBERS

1	2	3	4	5	6	7	8	9	10
11	12	13	14	15	16	17	18	19	20
21	22	23	24	25	26	27	28	29	30
31	32	33	34	35	36	37	38	39	40
41	42	43	44	45	46	47	48	49	50
51	52	53	54	55	56	57	58	59	60
61	62	63	64	65	66	67	68	69	70
71	72	73	74	75	76	77	78	79	80
81	82	83	84	85	86	87	88	89	90
91	92	93	94	95	96	97	98	99	100

Even Numbers end in...

0, 2, 4, 6, 8

Topic: ______________________ Date: ______________

ODD NUMBERS

1	2	3	4	5	6	7	8	9	10
11	12	13	14	15	16	17	18	19	20
21	22	23	24	25	26	27	28	29	30
31	32	33	34	35	36	37	38	39	40
41	42	43	44	45	46	47	48	49	50
51	52	53	54	55	56	57	58	59	60
61	62	63	64	65	66	67	68	69	70
71	72	73	74	75	76	77	78	79	80
81	82	83	84	85	86	87	88	89	90
91	92	93	94	95	96	97	98	99	100

Odd Numbers end in...

1, 3, 5, 7, 9

I AM OLLIE! CHILDREN'S BOOKS

Topic: ________________________ Date: ______________

PRIME NUMBERS

1	2	3	4	5	6	7	8	9	10
11	12	13	14	15	16	17	18	19	20
21	22	23	24	25	26	27	28	29	30
31	32	33	34	35	36	37	38	39	40
41	42	43	44	45	46	47	48	49	50
51	52	53	54	55	56	57	58	59	60
61	62	63	64	65	66	67	68	69	70
71	72	73	74	75	76	77	78	79	80
81	82	83	84	85	86	87	88	89	90
91	92	93	94	95	96	97	98	99	100

A Prime Number is a whole number with only 2 factors (1 and itself).

Topic: ______________________ Date: ______________

COMPOSITE NUMBERS

1	2	3	4	5	6	7	8	9	10
11	12	13	14	15	16	17	18	19	20
21	22	23	24	25	26	27	28	29	30
31	32	33	34	35	36	37	38	39	40
41	42	43	44	45	46	47	48	49	50
51	52	53	54	55	56	57	58	59	60
61	62	63	64	65	66	67	68	69	70
71	72	73	74	75	76	77	78	79	80
81	82	83	84	85	86	87	88	89	90
91	92	93	94	95	96	97	98	99	100

A Composite Number is a whole number with 3 or more factors.

Topic: ______________________ Date: ______________

Factors Chart

Number	Factor(s)
1	1
2	1,2
3	1,3
4	1,2,4
5	1,5
6	1,2,3,6
7	1,7
8	1,2,4,8
9	1,3,9
10	1,2,5,10
11	1,11
12	1,2,3,4,6,12
13	1,13
14	1,2,7,14
15	1,3,5,15
16	1,2,4,8,16
17	1,17
18	1,2,3,6,9,18
19	1,19
20	1,2,4,5,10,20
21	1,3,7,21
22	1,2,11,22

Topic: ______________________ Date: ______________

Multiplication Strategies

Commutative Property

$5 \times 4 = 20$

Repeated Addition

$4 + 4 + 4 + 4 + 4 = 20$

$4 \times 5 = 20$

Equal Groups

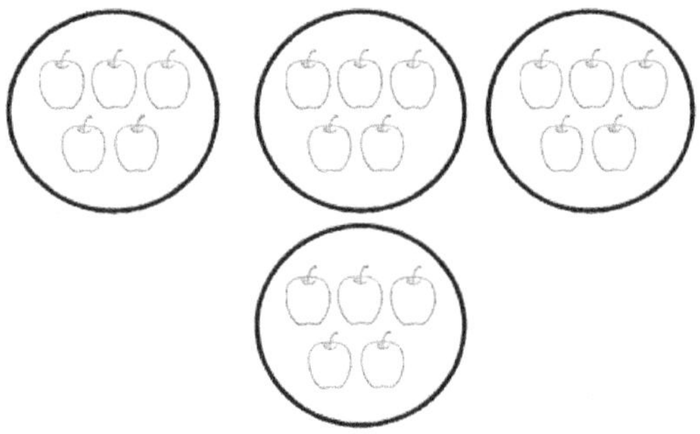

An Array

Break Apart

$4 \times 5 = 20$

2 3

$(4 \times 2) + (4 \times 3)$

8 + 12 =

20

Topic: ______________________ Date: ______________

Division Strategies

Equal Groups

An Array

$20 \div 5 = 4$

Skip Counting

5, 10, 15, 20

Repeated Subtraction

$20 - 5 = 15$

$15 - 5 = 10$

$10 - 5 = 5$

$5 - 5 = 0$

I AM
OLLIE!
CHILDREN'S BOOKS

Topic: ______________________ Date: ______________

Multiplication	an operation that gives the total number when you join equal groups.	 $3 \times 4 = 12$ number of groups (3); number in each group (4); number in all (12)
Factors	the numbers that are multiplied together to give a product	$3 \times 4 = 12$ factor (3); factor (4)
Product	the answer to a multiplication problem	$3 \times 4 = 12$ product (12)

Division	splitting into equal parts or groups; an operation that tells how many equal groups there are or how many are in each group.	$12 \div 3 = 4$ Total (12); Number of equal parts (3); Number of each group (4)

Multiplication and Division Fact Family		
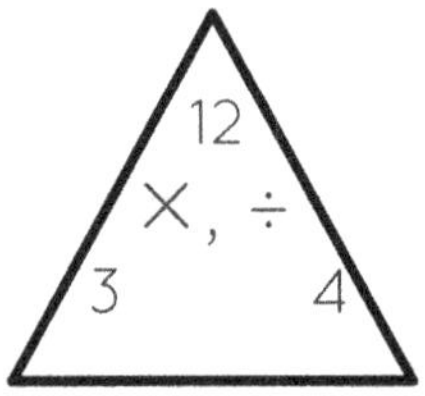	part × part = whole $3 \times 4 = 12$ $4 \times 3 = 12$	whole ÷ part = part $12 \div 3 = 4$ $12 \div 4 = 3$

Topic: ______________________ Date: ______________

PLACE VALUE CHART

Millions Period			Thousands Period			Ones Period		
HUNDRED MILLIONS	TEN MILLIONS	MILLIONS	HUNDRED THOUSANDS	TEN THOUSANDS	THOUSANDS	HUNDREDS	TENS	ONES
		1 ,	3	4	5 ,	2	8	9

Standard Form:

1,345,289

Word Form:

One million, three hundred forty-five thousand, two hundred eighty-nine

Expanded Form:

1,000,000 + 300,000 + 40,000+ 5,000 + 200 + 80 + 9

Topic: ______________________________ Date: ______________

ROUNDING CHART

ROUND DOWN ← → ROUND UP

0	1	2	3	4	5	6	7	8	9	10
10	11	12	13	14	15	16	17	18	19	20
20	21	22	23	24	25	26	27	28	29	30
30	31	32	33	34	35	36	37	38	39	40
40	41	42	43	44	45	46	47	48	49	50
50	51	52	53	54	55	56	57	58	59	60
60	61	62	63	64	65	66	67	68	69	70
70	71	72	73	74	75	76	77	78	79	80
80	81	82	83	84	85	86	87	88	89	90
90	91	92	93	94	95	96	97	98	99	100

Topic: ______________________ Date: ____________

Fraction Simplest Form	Equivalent Fractions								
Multiply by $\frac{\text{numerator}}{\text{denominator}}$	2	3	4	5	6	7	8	9	10
$\frac{1}{5}$	$\frac{2}{10}$	$\frac{3}{15}$	$\frac{4}{20}$	$\frac{5}{25}$	$\frac{6}{30}$	$\frac{7}{35}$	$\frac{8}{40}$	$\frac{9}{45}$	$\frac{10}{50}$
$\frac{1}{4}$	$\frac{2}{8}$	$\frac{3}{12}$	$\frac{4}{16}$	$\frac{5}{20}$	$\frac{6}{24}$	$\frac{7}{28}$	$\frac{8}{32}$	$\frac{9}{36}$	$\frac{10}{40}$
$\frac{1}{3}$	$\frac{2}{6}$	$\frac{3}{9}$	$\frac{4}{12}$	$\frac{5}{15}$	$\frac{6}{18}$	$\frac{7}{21}$	$\frac{8}{24}$	$\frac{9}{27}$	$\frac{10}{30}$
$\frac{2}{5}$	$\frac{4}{10}$	$\frac{6}{15}$	$\frac{8}{20}$	$\frac{10}{25}$	$\frac{12}{30}$	$\frac{14}{35}$	$\frac{16}{40}$	$\frac{18}{45}$	$\frac{20}{50}$
$\frac{1}{2}$	$\frac{2}{4}$	$\frac{3}{6}$	$\frac{4}{8}$	$\frac{5}{10}$	$\frac{6}{12}$	$\frac{7}{14}$	$\frac{8}{16}$	$\frac{9}{18}$	$\frac{10}{20}$
$\frac{3}{5}$	$\frac{6}{10}$	$\frac{9}{15}$	$\frac{12}{20}$	$\frac{15}{25}$	$\frac{18}{30}$	$\frac{21}{35}$	$\frac{24}{40}$	$\frac{27}{45}$	$\frac{30}{50}$
$\frac{2}{3}$	$\frac{4}{6}$	$\frac{6}{9}$	$\frac{8}{12}$	$\frac{10}{15}$	$\frac{12}{18}$	$\frac{14}{21}$	$\frac{16}{24}$	$\frac{18}{27}$	$\frac{20}{30}$
$\frac{3}{4}$	$\frac{6}{8}$	$\frac{9}{12}$	$\frac{12}{16}$	$\frac{15}{20}$	$\frac{18}{24}$	$\frac{21}{28}$	$\frac{24}{32}$	$\frac{27}{36}$	$\frac{30}{40}$
$\frac{4}{5}$	$\frac{8}{10}$	$\frac{12}{15}$	$\frac{16}{20}$	$\frac{20}{25}$	$\frac{24}{30}$	$\frac{28}{35}$	$\frac{32}{40}$	$\frac{36}{45}$	$\frac{40}{50}$

Topic: ______________________ Date: ______________

FRACTIONS ★ DECIMALS ★ PERCENTS

FRACTION	DECIMAL	PERCENT
$\frac{1}{5}$	0.20	20%
$\frac{1}{4}$	0.25	25%
$\frac{1}{3}$	$0.3\overline{3}$	$33.\overline{3}\%$
$\frac{2}{5}$	0.40	40%
$\frac{1}{2}$	0.50	50%
$\frac{3}{5}$	0.60	60%
$\frac{2}{3}$	$0.6\overline{6}$	$66.\overline{6}\%$
$\frac{3}{4}$	0.75	75%
$\frac{4}{5}$	0.80	80%
$\frac{5}{5}$	1.00	100%

Topic: ______________________________ Date: ______________

Counting and Skip Counting

1	2	3	4	5	6	7	8	9	10
11	12	13	14	15	16	17	18	19	20
21	22	23	24	25	26	27	28	29	30
31	32	33	34	35	36	37	38	39	40
41	42	43	44	45	46	47	48	49	50
51	52	53	54	55	56	57	58	59	60
61	62	63	64	65	66	67	68	69	70
71	72	73	74	75	76	77	78	79	80
81	82	83	84	85	86	87	88	89	90
91	92	93	94	95	96	97	98	99	100

2	4	6	8	10	12	14	16	18	20
22	24	26	28	30	32	24	36	38	40
42	44	46	48	50	52	54	56	58	60
62	64	66	68	70	72	74	76	78	80
82	84	86	88	90	92	94	96	98	100

5	10	15	20	25	30	35	40	45	50
55	60	65	70	75	80	85	90	95	100

10	20	30	40	50	60	70	80	90	100

20	40	60	80	100

Topic: ______________________ Date: ______________

ADDITION KEY WORDS +

add	both	increase	sum
altogether	combined	join	together
and	in all	plus	total

Topic: ____________________ Date: ____________

Addition Tables

ones	twos	threes	fours
1 + 0 = 1	2 + 0 = 2	3 + 0 = 3	4 + 0 = 4
1 + 1 = 2	2 + 1 = 3	3 + 1 = 4	4 + 1 = 5
1 + 2 = 3	2 + 2 = 4	3 + 2 = 5	4 + 2 = 6
1 + 3 = 4	2 + 3 = 5	3 + 3 = 6	4 + 3 = 7
1 + 4 = 5	2 + 4 = 6	3 + 4 = 7	4 + 4 = 8
1 + 5 = 6	2 + 5 = 7	3 + 5 = 8	4 + 5 = 9
1 + 6 = 7	2 + 6 = 8	3 + 6 = 9	4 + 6 = 10
1 + 7 = 8	2 + 7 = 9	3 + 7 = 10	4 + 7 = 11
1 + 8 = 9	2 + 8 = 10	3 + 8 = 11	4 + 8 = 12
1 + 9 = 10	2 + 9 = 11	3 + 9 = 12	4 + 9 = 13
1 + 10 = 11	2 + 10 = 12	3 + 10 = 13	4 + 10 = 14
1 + 11 = 12	2 + 11 = 13	3 + 11 = 14	4 + 11 = 15
1 + 12 = 13	2 + 12 = 14	3 + 12 = 15	4 + 12 = 16

fives	sixes	sevens	eights
5 + 0 = 5	6 + 0 = 6	7 + 0 = 7	8 + 0 = 8
5 + 1 = 6	6 + 1 = 7	7 + 1 = 8	8 + 1 = 9
5 + 2 = 7	6 + 2 = 8	7 + 2 = 9	8 + 2 = 10
5 + 3 = 8	6 + 3 = 9	7 + 3 = 10	8 + 3 = 11
5 + 4 = 9	6 + 4 = 10	7 + 4 = 11	8 + 4 = 12
5 + 5 = 10	6 + 5 = 11	7 + 5 = 12	8 + 5 = 13
5 + 6 = 11	6 + 6 = 12	7 + 6 = 13	8 + 6 = 14
5 + 7 = 12	6 + 7 = 13	7 + 7 = 14	8 + 7 = 15
5 + 8 = 13	6 + 8 = 14	7 + 8 = 15	8 + 8 = 16
5 + 9 = 14	6 + 9 = 15	7 + 9 = 16	8 + 9 = 17
5 + 10 = 15	6 + 10 = 16	7 + 10 = 17	8 + 10 = 18
5 + 11 = 16	6 + 11 = 17	7 + 11 = 18	8 + 11 = 19
5 + 12 = 17	6 + 12 = 18	7 + 12 = 19	8 + 12 = 20

nines	tens	elevens	twelves
9 + 0 = 9	10 + 0 = 10	11 + 0 = 11	12 + 0 = 12
9 + 1 = 10	10 + 1 = 11	11 + 1 = 12	12 + 1 = 13
9 + 2 = 11	10 + 2 = 12	11 + 2 = 13	12 + 2 = 14
9 + 3 = 12	10 + 3 = 13	11 + 3 = 14	12 + 3 = 15
9 + 4 = 13	10 + 4 = 14	11 + 4 = 15	12 + 4 = 16
9 + 5 = 14	10 + 5 = 15	11 + 5 = 16	12 + 5 = 17
9 + 6 = 15	10 + 6 = 16	11 + 6 = 17	12 + 6 = 18
9 + 7 = 16	10 + 7 = 17	11 + 7 = 18	12 + 7 = 19
9 + 8 = 17	10 + 8 = 18	11 + 8 = 19	12 + 8 = 20
9 + 9 = 18	10 + 9 = 19	11 + 9 = 20	12 + 9 = 21
9 + 10 = 19	10 + 10 = 20	11 + 10 = 21	12 + 10 = 22
9 + 11 = 20	10 + 11 = 21	11 + 11 = 22	12 + 11 = 23
9 + 12 = 21	10 + 12 = 22	11 + 12 = 23	12 + 12 = 24

Topic: ______________________________ Date: ____________________

SUBTRACTION KEY WORDS -

are left	fewer	less	remove
decrease	how many more	minus	subtract
difference	left over	remain	take away

Topic: ______________________ Date: ______________

Subtraction Tables

ones	twos	threes	fours
1 - 1 = 0	2 - 2 = 0	3 - 3 = 0	4 - 4 = 0
2 - 1 = 1	3 - 2 = 1	4 - 3 = 1	5 - 4 = 1
3 - 1 = 2	4 - 2 = 2	5 - 3 = 2	6 - 4 = 2
4 - 1 = 3	5 - 2 = 3	6 - 3 = 3	7 - 4 = 3
5 - 1 = 4	6 - 2 = 4	7 - 3 = 4	8 - 4 = 4
6 - 1 = 5	7 - 2 = 5	8 - 3 = 5	9 - 4 = 5
7 - 1 = 6	8 - 2 = 6	9 - 3 = 6	10 - 4 = 6
8 - 1 = 7	9 - 2 = 7	10 - 3 = 7	11 - 4 = 7
9 - 1 = 8	10 - 2 = 8	11 - 3 = 8	12 - 4 = 8
10 - 1 = 9	11 - 2 = 9	12 - 3 = 9	13 - 4 = 9
11 - 1 = 10	12 - 2 = 10	13 - 3 = 10	14 - 4 = 10
12 - 1 = 11	13 - 2 = 11	14 - 3 = 11	15 - 4 = 11
13 - 1 = 12	14 - 2 = 12	15 - 3 = 12	16 - 4 = 12

fives	sixes	sevens	eights
5 - 5 = 0	6 - 6 = 0	7 - 7 = 0	8 - 8 = 0
6 - 5 = 1	7 - 6 = 1	8 - 7 = 1	9 - 8 = 1
7 - 5 = 2	8 - 6 = 2	9 - 7 = 2	10 - 8 = 2
8 - 5 = 3	9 - 6 = 3	10 - 7 = 3	11 - 8 = 3
9 - 5 = 4	10 - 6 = 4	11 - 7 = 4	12 - 8 = 4
10 - 5 = 5	11 - 6 = 5	12 - 7 = 5	13 - 8 = 5
11 - 5 = 6	12 - 6 = 6	13 - 7 = 6	14 - 8 = 6
12 - 5 - 7	13 - 6 = 7	14 - 7 = 7	15 - 8 = 7
13 - 5 = 8	14 - 6 = 8	15 - 7 = 8	16 - 8 = 8
14 - 5 = 9	15 - 6 = 9	16 - 7 = 9	17 - 8 = 9
15 - 5 = 10	16 - 6 = 10	17 - 7 = 10	18 - 8 = 10
16 - 5 = 11	17 - 6 = 11	18 - 7 = 11	19 - 8 = 11
17 - 5 = 12	18 - 6 = 12	19 - 7 = 12	20 - 8 = 12

nines	tens	elevens	twelves
9 - 9 = 0	10 - 10 = 0	11 - 11 = 0	12 - 12 = 0
10 - 9 = 1	11 - 10 = 1	12 - 11 = 1	13 - 12 = 1
11 - 9 = 2	12 - 10 = 2	13 - 11 = 2	14 - 12 = 2
12 - 9 = 3	13 - 10 = 3	14 - 11 = 3	15 - 12 = 3
13 - 9 = 4	14 - 10 = 4	15 - 11 = 4	16 - 12 = 4
14 - 9 = 5	15 - 10 = 5	16 - 11 = 5	17 - 12 = 5
15 - 9 = 6	16 - 10 = 6	17 - 11 = 6	18 - 12 = 6
16 - 9 = 7	17 - 10 = 7	18 - 11 = 7	19 - 12 = 7
17 - 9 = 8	18 - 10 = 8	19 - 11 = 8	20 - 12 = 8
18 - 9 = 9	19 - 10 = 9	20 - 11 = 9	21 - 12 = 9
19 - 9 = 10	20 - 10 = 10	21 - 11 = 10	22 - 12 = 10
20 - 9 = 11	21 - 10 = 11	22 - 11 = 11	23 - 12 = 11
21 - 9 = 12	22 - 10 = 12	23 - 11 = 12	24 - 12 = 12

Topic: ______________________________	Date: ______________

MULTIPLICATION KEY WORDS ×

as much	equal groups	of	times
by	multiplied by	per	total
double	multiply	product	twice

MULTIPLICATION TABLES

1 × 1 1	1 × 2 2	1 × 3 3	1 × 4 4	1 × 5 5	1 × 6 6	1 × 7 7	1 × 8 8	1 × 9 9	1 × 10 10	1 × 11 11	1 × 12 12
2 × 1 2	2 × 2 4	2 × 3 6	2 × 4 8	2 × 5 10	2 × 6 12	2 × 7 14	2 × 8 16	2 × 9 18	2 × 10 20	2 × 11 22	2 × 12 24
3 × 1 3	3 × 2 6	3 × 3 9	3 × 4 12	3 × 5 15	3 × 6 18	3 × 7 21	3 × 8 24	3 × 9 27	3 × 10 30	3 × 11 33	3 × 12 36
4 × 1 4	4 × 2 8	4 × 3 12	4 × 4 16	4 × 5 20	4 × 6 24	4 × 7 28	4 × 8 32	4 × 9 36	4 × 10 40	4 × 11 44	4 × 12 48
5 × 1 5	5 × 2 10	5 × 3 15	5 × 4 20	5 × 5 25	5 × 6 30	5 × 7 35	5 × 8 40	5 × 9 45	5 × 10 50	5 × 11 55	5 × 12 60
6 × 1 6	6 × 2 12	6 × 3 18	6 × 4 24	6 × 5 30	6 × 6 36	6 × 7 42	6 × 8 48	6 × 9 54	6 × 10 60	6 × 11 66	6 × 12 72
7 × 1 7	7 × 2 14	7 × 3 21	7 × 4 28	7 × 5 35	7 × 6 42	7 × 7 49	7 × 8 56	7 × 9 63	7 × 10 70	7 × 11 77	7 × 12 84
8 × 1 8	8 × 2 16	8 × 3 24	8 × 4 32	8 × 5 40	8 × 6 48	8 × 7 56	8 × 8 64	8 × 9 72	8 × 10 80	8 × 11 88	8 × 12 96
9 × 1 9	9 × 2 18	9 × 3 27	9 × 4 36	9 × 5 45	9 × 6 54	9 × 7 63	9 × 8 72	9 × 9 81	9 × 10 90	9 × 11 99	9 × 12 108
10 × 1 10	10 × 2 20	10 × 3 30	10 × 4 40	10 × 5 50	10 × 6 60	10 × 7 70	10 × 8 80	10 × 9 90	10 × 10 100	10 × 11 110	10 × 12 120
11 × 1 11	11 × 2 22	11 × 3 33	11 × 4 44	11 × 5 55	11 × 6 66	11 × 7 77	11 × 8 88	11 × 9 99	11 × 10 110	11 × 11 121	11 × 12 132
12 × 1 12	12 × 2 24	12 × 3 36	12 × 4 48	12 × 5 60	12 × 6 72	12 × 7 84	12 × 8 96	12 × 9 108	12 × 10 120	12 × 11 132	12 × 12 144

Topic: ______________________ Date: ______________

DIVISION KEY WORDS ÷

average	equal group has	half	separated
divide	every	parts	share equally
each	goes into	quotient	split equally

Topic: ______________________________ Date: ______________

Division Tables

÷ 1	÷ 2	÷ 3	÷ 4
1 ÷ 1 = 1	2 ÷ 2 = 1	3 ÷ 3 = 1	4 ÷ 4 = 1
2 ÷ 1 = 2	4 ÷ 2 = 2	6 ÷ 3 = 2	8 ÷ 4 = 2
3 ÷ 1 = 3	6 ÷ 2 = 3	9 ÷ 3 = 3	12 ÷ 4 = 3
4 ÷ 1 = 4	8 ÷ 2 = 4	12 ÷ 3 = 4	16 ÷ 4 = 4
5 ÷ 1 = 5	10 ÷ 2 = 5	15 ÷ 3 = 5	20 ÷ 4 = 5
6 ÷ 1 = 6	12 ÷ 2 = 6	18 ÷ 3 = 6	24 ÷ 4 = 6
7 ÷ 1 = 7	14 ÷ 2 = 7	21 ÷ 3 = 7	28 ÷ 4 = 7
8 ÷ 1 = 8	16 ÷ 2 = 8	24 ÷ 3 = 8	32 ÷ 4 = 8
9 ÷ 1 = 9	18 ÷ 2 = 9	27 ÷ 3 = 9	36 ÷ 4 = 9
10 ÷ 1 = 10	20 ÷ 2 = 10	30 ÷ 3 = 10	40 ÷ 4 = 10
11 ÷ 1 = 11	22 ÷ 2 = 11	33 ÷ 3 = 11	44 ÷ 4 = 11
12 ÷ 1 = 12	24 ÷ 2 = 12	36 ÷ 3 = 12	48 ÷ 4 = 12

÷ 5	÷ 6	÷ 7	÷ 8
5 ÷ 5 = 1	6 ÷ 6 = 1	7 ÷ 7 = 1	8 ÷ 8 = 1
10 ÷ 5 = 2	12 ÷ 6 = 2	14 ÷ 7 = 2	16 ÷ 8 = 2
15 ÷ 5 = 3	18 ÷ 6 = 3	21 ÷ 7 = 3	24 ÷ 8 = 3
20 ÷ 5 = 4	24 ÷ 6 = 4	28 ÷ 7 = 4	32 ÷ 8 = 4
25 ÷ 5 = 5	30 ÷ 6 = 5	35 ÷ 7 = 5	40 ÷ 8 = 5
30 ÷ 5 = 6	36 ÷ 6 = 6	42 ÷ 7 = 6	48 ÷ 8 = 6
35 ÷ 5 = 7	42 ÷ 6 = 7	49 ÷ 7 = 7	56 ÷ 8 = 7
40 ÷ 5 = 8	48 ÷ 6 = 8	56 ÷ 7 = 8	64 ÷ 8 = 8
45 ÷ 5 = 9	54 ÷ 6 = 9	63 ÷ 7 = 9	72 ÷ 8 = 9
50 ÷ 5 = 10	60 ÷ 6 = 10	70 ÷ 7 = 10	80 ÷ 8 = 10
55 ÷ 5 = 11	66 ÷ 6 = 11	77 ÷ 7 = 11	88 ÷ 8 = 11
60 ÷ 5 = 12	72 ÷ 6 = 12	84 ÷ 7 = 12	96 ÷ 8 = 12

÷ 9	÷ 10	÷ 11	÷ 12
9 ÷ 9 = 1	10 ÷ 10 = 1	11 ÷ 11 = 1	12 ÷ 12 = 1
18 ÷ 9 = 2	20 ÷ 10 = 2	22 ÷ 11 = 2	24 ÷ 12 = 2
27 ÷ 9 = 3	30 ÷ 10 = 3	33 ÷ 11 = 3	36 ÷ 12 = 3
36 ÷ 9 = 4	40 ÷ 10 = 4	44 ÷ 11 = 4	48 ÷ 12 = 4
45 ÷ 9 = 5	50 ÷ 10 = 5	55 ÷ 11 = 5	60 ÷ 12 = 5
54 ÷ 9 = 6	60 ÷ 10 = 6	66 ÷ 11 = 6	72 ÷ 12 = 6
63 ÷ 9 = 7	70 ÷ 10 = 7	77 ÷ 11 = 7	84 ÷ 12 = 7
72 ÷ 9 = 8	80 ÷ 10 = 8	88 ÷ 11 = 8	96 ÷ 12 = 8
81 ÷ 9 = 9	90 ÷ 10 = 9	99 ÷ 11 = 9	108 ÷ 12 = 9
90 ÷ 9 = 10	100 ÷ 10 = 10	110 ÷ 11 = 10	120 ÷ 12 = 10
99 ÷ 9 = 11	110 ÷ 10 = 11	121 ÷ 11 = 11	132 ÷ 12 = 11
108 ÷ 9 = 12	120 ÷ 10 = 12	132 ÷ 11 = 12	144 ÷ 12 = 12

Topic: ______________________________ Date: ______________

Create Your Own Multiplication Chart

×	1	2	3	4	5	6	7	8	9	10
1										
2										
3										
4										
5										
6										
7										
8										
9										
10										

Topic: ______________________________ Date: ______________

Create Your Own Multiplication Strategies Chart

Commutative Property	Repeated Addition
Equal Groups	Array

Break Apart

Topic: ______________________________ Date: ______________

Create Your Own Division Strategies Chart

Equal Groups	Array
Skip Counting	Repeated Subtraction

I AM OLLIE! CHILDREN'S BOOKS

Topic: ______________________ Date: ______________

Create Your Own Place Value Chart

PLACE VALUE CHART								
Millions Period			Thousands Period			Ones Period		
		,			,			

Topic: ______________________ Date: ______________

Caleb's Smile

Made in the USA
Monee, IL
09 November 2026

68254063R00070